Bayron Ruiz

COMPOSIÇÃO FLORESTAL, RIQUEZA E PRODUTIVIDADE DE UMA FLORESTA TROPICAL

Bayron Ruiz

COMPOSIÇÃO FLORESTAL, RIQUEZA E PRODUTIVIDADE DE UMA FLORESTA TROPICAL

Valor de Importância e Índice de Volume de Acções em Crescimento

ScienciaScripts

Imprint
Any brand names and product names mentioned in this book are subject to trademark, brand or patent protection and are trademarks or registered trademarks of their respective holders. The use of brand names, product names, common names, trade names, product descriptions etc. even without a particular marking in this work is in no way to be construed to mean that such names may be regarded as unrestricted in respect of trademark and brand protection legislation and could thus be used by anyone.

Cover image: www.ingimage.com

This book is a translation from the original published under ISBN 978-613-9-46779-2.

Publisher:
Sciencia Scripts
is a trademark of
Dodo Books Indian Ocean Ltd. and OmniScriptum S.R.L publishing group

120 High Road, East Finchley, London, N2 9ED, United Kingdom
Str. Armeneasca 28/1, office 1, Chisinau MD-2012, Republic of Moldova, Europe
Managing Directors: Ieva Konstantinova, Victoria Ursu
info@omniscriptum.com

Printed at: see last page
ISBN: 978-620-8-51234-7

ÍNDICE

RESUMO

Através de um estudo prévio do município do cantão de San Pablo, a quantidade de massa florestal que compõe uma parte deste município foi determinada através do método de Gentry (1982), por ser uma técnica que determina com maior precisão a quantidade de espécies madeireiras e não madeireiras que compõem este tipo de floresta.

Conhecer-se-á a estrutura vertical e horizontal da floresta analisada e tirar-se-ão as respectivas conclusões para cada índice, bem como as espécies que, por alguma razão, predominam na área examinada.

1. INTRODUÇÃO

Os ecossistemas florestais da região tropical correspondem aos mais diversos complexos biológicos da biosfera, cujos serviços satisfazem as necessidades da sociedade e dos grupos humanos que aí habitam em termos de madeira, lenha, fibras, medicamentos, fauna silvestre que fornece proteína animal, regulação do clima e da água, o que faz dela um sistema inestimável para o homem, como base para a sustentabilidade da vida.

De acordo com o acima exposto, qualquer estratégia gerada para a sua gestão sustentável deve basear-se no conhecimento tanto da sua forma como do seu funcionamento, o que garante a modelação da biodiversidade e a utilização racional dos seus serviços. É, portanto, essencial que os funcionários responsáveis pela sua administração conheçam e manejem os elementos funcionais para a avaliação técnica e científica destas massas florestais, o que permitirá tomar decisões para a sua gestão, conservação e recuperação.

Este documento é uma ferramenta valiosa que os professores da universidade quiseram contribuir para ampliar o conhecimento dos ecossistemas florestais do país, que é apresentado como resultado da pesquisa realizada nas últimas décadas nos diferentes ecossistemas florestais do departamento e de todo o país.

2. OBJECTIVOS

GERAL

- Analisar e determinar a composição florística existente numa determinada área do município de Cantón del San Pablo-Chocó.

ESPECÍFICO

- Identificar as espécies madeireiras e não madeireiras existentes no município de Canton San Pablo.

- Construir e analisar o diagrama do perfil da floresta, com base nas informações obtidas na área de trabalho, tendo em conta o local com maior abundância de espécies.

- Avaliar e analisar a estrutura vertical e horizontal da floresta inventariada.

3. METODOLOGIA

3.1.1 ÁREA DE ESTUDO

O município de Cantón de San Pablo está localizado na parte centro-sul do departamento de Choco, a cerca de 70 km por estrada de Quibdó, a capital do departamento, mais especificamente no istmo de San Pablo. A sua geografia é atravessada pela autoestrada pan-americana que conduz ao porto de Tribuga, no Oceano Pacífico colombiano.

3.1.2 POSIÇÃO GEOGRÁFICA

Localizada na margem direita do rio San Pablo, a 05º 20' 20" de longitude norte e 76º 43' 53" de longitude oeste.

3.1.3 EXTENSÃO E LIMITES

Tem uma extensão de 386 Km^2 que representa 0,8% da superfície departamental. Limita-se a norte com o município de Río Quito e Certegui, a sul com o município de Istmina, a leste com o município de Unión Panamericana e a oeste com os municípios de Alto Baudó e Medio Baudó.

3.1.4 LOCALIZAÇÃO DA POPULAÇÃO

Tem uma população de 10.890 habitantes aproximadamente, distribuídos nos seus 7 municípios: Managrú, Puerto pervel, Tarido, La Victoria, Pavaza, Boca de raspadura e Guapango suas veredas são: Boca de Jorodó, San José de quité, la Isla, Zutana, Truadó e Puerto Juan.

3.1.5 ECONOMIA

A fertilidade dos solos permite-lhe projetar-se como a segunda despensa agrícola do departamento, depois de Baudó. A criação de espécies de grande e pequeno porte é uma importante fonte de rendimento para as comunidades, assim como a comercialização da madeira; a extração mineira é efectuada em muito pequena escala. Os produtos mais colhidos são: Plátano, arroz, mandioca, e as árvores frutíferas abacate, borojó, limão e chontaduro.

3.1.6 CARACTERÍSTICAS NATURAIS

Devido às suas caraterísticas planas e de selva, é muito atractiva para o ecoturismo, destacando-se zonas como Taridó, La Victoria, Chagarapá e Puerto Pervel, entre outras.

3.1.7 VIAS DE ACESSO

principal via de acesso ao município é a Rodovia Pan-Americana, construída por dois canais que levam a Managrú, a capital municipal, e a Puerto Pervel. Há aproximadamente 12 km de estrada não pavimentada, cheia de pedras, para ambos os destinos, nos quais se pode atingir velocidades de 40-60 km/h. Outra rota importante é a Fluvial que constitui os rios: Tiradó, San Pablo, Managrú, dentro destes caminhos são retirados os produtos das zonas mais produtivas.

3.1.8 TOPOGRAFIA

O território é fortemente ondulado, com dissecções em algumas regiões, e a sua altitude não ultrapassa os 57 metros acima do nível do mar.

3.1.9 CLIMATOLOGIA

Tem uma temperatura média anual de 28°c., regulada pelos ventos inter-oceânicos e pelas correntes fluviais dos rios que banham o concelho. As suas terras distribuem-se no pavimento térmico quente com uma humidade média de 80% - 90%, carregadas de ar húmido, proveniente das áreas florestais circundantes, o que condiciona uma nebulosidade que varia de 4 - 6 horas/luz, e uma pluviosidade média anual de 6.000 mm/ano, conduzindo a uma elevada diversidade correspondente à zona de vida da floresta tropical (bp -T), segundo a classificação de Holdridgee.

3.1.10 VEGETAÇÃO Existem variações na composição, densidade e distribuição da área, com espécies representativas como: Chana, Pala Perico, Nuanamo, Caucho e Algarrobo. Entre as espécies de importância económica.

3.1.11 HIDROGRAFIA

Possui uma grande riqueza hidrográfica, o que permite aos seus habitantes deslocarem-se facilmente. Entre os rios mais importantes estão: San Pablo, Arteria principal, Taridó, Managrúcito, Raspadura, Tuado, Managrú adentro e Chagarapá.

3.1.12 Solos

O município apresenta solos mal drenados, com baixa saturação de bases trocáveis (Gleysole districos - GLD), e solos originados de materiais aluviais recentes, com alta saturação de bases trocáveis (Eutric Fluvisols - FLE), associados a solos mal drenados e com alta saturação de bases trocáveis (Eutric Fluvisols - FLE), e solos com horizonte árgico, baixa saturação de bases trocáveis e alto teor de óxidos de ferro (Ferric Acrisols - ACF), texturas médias, declives suaves localizados em planícies e vales.

3.2 ANÁLISE DA COMPOSIÇÃO FLORÍSTICA EXISTENTE NO MUNICÍPIO DO CANTÃO DE SAN PABLO-CHOCO

Através da intervenção no campo, no município de Cantó del San Pablo, as espécies existentes na área foram previamente quantificadas e agrupadas de acordo com o número da parcela predominante.

4. CONCEPÇÃO DA AMOSTRAGEM

4.1.1 Conceção

Foi efetivamente utilizada a metodologia de Gentry (1982), que postula que devem ser desenhadas parcelas de 2 x 50m (total: 10), nas quais devem ser medidas todas as espécies com DAP > 1 cm. Além disso, sugere que, para a determinação da estrutura horizontal de uma floresta, deve ser selecionado o local mais representativo da área. Para a medição das parcelas e respectivas quantificações, foram tidos em conta os seguintes critérios:

- DAP.
- Altura total de cada árvore.
- Altura comercial
- Observações (defeitos das árvores)
- Quadro de apoio.
- Formulário de campo.
- Fita diamantada ou Forcípula
- Fita métrica de 20 m ou 50 m.
- Estacas.
- Machete.
- Lápis.
- Papel.

Posteriormente, foi traçado o perfil vertical da floresta através da representação das árvores na parcela, considerando a arquitetura das copas e a forma dos troncos,

Os diagramas de perfil horizontal e vertical da floresta foram desenhados a lápis em papel quadriculado durante o levantamento da área.

Área basal

Para calcular a área basal da parcela, procede-se à soma da área basal dos caules das árvores amostradas, calculada para cada árvore da seguinte forma:

$AB = nDAP^2/4$

Onde:

DBH = Diâmetro do caule medido à altura do peito.

AB = Área basal (m2).

= 3,1416 n

ÍNDICE DE VALOR DE IMPORTÂNCIA, RÁCIO DE MISTURA E VALOR AGREGADO DAS ESPÉCIES DE ÁRVORES NUMA FLORESTA.

O Índice de Valor de Importância (I.I.V.I.) é um valor que expressa numericamente a importância de uma determinada espécie numa comunidade florestal. O I.V.I. de uma espécie é calculado através da abundância, frequência e dominância expressas em percentagem, o Índice de Valor de Importância Familiar.

GRAU DE AGREGAÇÃO DAS ESPÉCIES:

Determina a distribuição espacial das espécies. A interpretação do grau de agregação da soma dos seus valores relativos da centena é feita tendo em conta os seguintes parâmetros:

- **Ga > a 1**. indica uma tendência para a agregação.
- **Ga > a 2**, indica que a espécie tem uma distribuição agrupada
- **Ga < a 1**, indica que a espécie está dispersa.

ANÁLISE DOS RESULTADOS

Rácio de mistura

C= número de espécies/número de indivíduos

C= 35/218=1/6

Isto significa que, para cada espécie, existem 6 indivíduos

Densidade

D= número total de indivíduos/área total da zona de amostragem

D=218/1000m²= 0,218

Composição florística da amostragem realizada na floresta tropical de Managrú:

Verificou-se uma grande variedade de espécies e famílias, sendo as mais representativas as seguintes: Arecaceae 63, Apocynaceae 17, Melastomataceae 17, Burseraceae 15, Moraceae 12 e Sapotaceae 11 indivíduos **(ver quadro 2).**

Cálculo da abundância relativa e absoluta.

O maior número de árvores por espécie registado em cada unidade de amostragem corresponde à palmeira meme com 33 indivíduos e uma percentagem de 15,138%; seguida do lírio com 17 indivíduos e uma percentagem de 7,798%, da formiga com 17 indivíduos por espécie e uma percentagem de 7,798%. O anime com 15 indivíduos e uma percentagem de 6,8881% e a alfarroba com 12 indivíduos e uma percentagem de 5,505% **(ver quadro 3).**

Cálculo da frequência absoluta e relativa

As espécies com maior incidência em cada uma das unidades de amostragem foram: a classe I com 155 indivíduos e a classe II com 43 indivíduos, sendo as seguintes espécies as mais predominantes em cada classe: palmeira meme 8,264%, lírio 7,438%, formiga 5,785%, anime 5,785% e alfarrobeira 4,955%. Isto leva a concluir que a floresta é muito heterogénea **(ver quadro 4).**

Cálculo da dominância absoluta e relativa.

As espécies com maior grau de cobertura como expressão do espaço por elas ocupado; e com uma soma das áreas básicas das mesmas espécies presentes dentro de cada uma das unidades de amostragem foram: serradela 22,128%, íris 11,589%, choiba 11,327%, anime 9,064% e alfarroba 6,089% **(ver quadro 5).**

Cálculo do grau de agregação

Determina a distribuição espacial das espécies, o que indica a tendência para o agrupamento, a distribuição agrupada e a dispensa. As espécies mais propensas ao agrupamento são:

2,18543453	caimito colorado	2,06377023	palma mil peso
2,18543453	queimador de carvão vegetal	1,93670887	Guasca hoji largo
2,18543453	carra	1,93670887	Guasco colorado
2,18543453	capacete	1,93670887	palmeira amarga
2,18543453	coroba	1,80303022	Churimo
2,18543453	guasimo vermelho	1,80303022	Sabão
2,18543453	Jagua	1,80303022	palmeira taparo
2,18543453	lã branca	1,80303022	pântano
2,18543453	palmeira chacarra	1,66096405	faca
2,18543453	palo blanco	1,66096405	leiteiro
2,06377023	erva-leiteira	1,66096405	palmeira pangana
2,06377023	cargadero colorado	1,66096405	palmeira zancona
2,06377023	Choiba	1,50776496	Alfarroba
2,06377023	jigua preta	1,50776496	Caimito branco
2,06377023	palmeira-de-barriga	1,3387425	Anime
2,06377023	palma don pedrito	1,3387425	Serragem

(Ver quadro 7).

Cálculo da análise estrutural da amostragem

Foram utilizados indicadores quantitativos tais como o número de árvores por espécie, a densidade, a abundância, a frequência, a dominância e o índice de valor de importância, este último com um valor máximo de 300, sendo os mais representativos: serradela 32,500, palmeira meme 28,925, lírio 26,825, anime 21,730 e alfarrobeira 16,553 **(ver quadro 6).**

Existência de espécies por classe de diâmetro

O maior número de indivíduos (155) foi encontrado na classe I. Na classe II (43). Classe III (12), classe IV (5), classe V (2) e VI (1) (**ver quadro 8**).

Distribuições diametrais

Através da análise desta floresta, foi possível deduzir que se trata de uma floresta muito intervencionada, em que a maioria das espécies se encontra em estado de regeneração natural, na classe I (155 indivíduos), e o volume total de espécies encontradas na floresta é de 24,0816514 m³, o que é muito baixo para uma utilização total desta floresta. **(Ver tabela 13).**

Análise do diagrama de ogawa

De acordo com a distribuição dos pontos no gráfico, isso significa que as espécies estão conglomeradas, formando um enxame de abelhas muito homogéneo (ver **Análise gráfica do diagrama de ogawa).**

5. CONCLUSÃO

Através da execução desta prática foi possível deduzir que:

- É importante conhecer a diversidade das nossas florestas, uma vez que esta é muitas vezes uma alternativa muito viável para obter rendimentos de colheitas anteriores.

- Dentro de alguns anos, a floresta em análise será uma fonte de rendimento muito importante em termos de exploração, uma vez que as espécies se encontram geralmente em estado de regeneração natural.

Recomendações

Algumas espécies devem ser colhidas o mais rapidamente possível, pois estão a apodrecer devido ao seu avançado estado de desenvolvimento, e a floresta deve ser libertada para que as espécies mais predominantes possam desenvolver-se bem.

6. BIBLIOGRAFIA

- GESTÃO FLORESTAL BASEADA NA REGENERAÇÃO NATURAL DA FLORESTA, um estudo de caso nos carvalhais de altitude da Serra de Salamanca, Costa Rica.

- FUNDAMENTOS E METODOLOGIA PARA A IDENTIFICAÇÃO DE PLANTAS por Gilberto Emilio Maecha vega, projeto BIOPACIFICO, ministério do ambiente PNUD - GEF fevereiro de 1997 Santa Fé de Bogotá D.C- COLOMBIA

ANEXOS

Tabela: Composição florística da amostragem efectuada na floresta tropical 2.

NÃO.	Família	Nome científico	Nome comum	Não. árvores
1	ANONACEAE	*Anaxagorea clavata*	coroba	1
2	ANONACEAE	*Guatteria cuatrecasasii*	cargadero colorado	2
3	APOCYNACEAE	*Couma macrocarpa*	lírio	17
4	ARALIACEAE	*Dendropanax sp*	palo blanco	1
5	ARECACEAE	*Welfia georgii*	palmeira amarga	5
6	ARECACEAE	*Triartea delfoidea*	palmeira-de-barriga	3
7	ARECACEAE	*Oenocarpus mapora*	palma don pedrito	2
8	ARECACEAE	*Wettinia quinaria*	meme da palma da mão	33
9	ARECACEAE	*Oenocarpus bataua*	palma mil peso	2
10	ARECACEAE	*Rhaphia taedigera*	palmeira pangana	7
11	ARECACEAE	*Attalea amiggdalina*	palmeira taparo	4
12	ARECACEAE	*Socrotea exorrhiza*	palmeira zancona	6
13	ARECACEAE	*Bactris chascarra*	palmeira chacarra	1
14	BOMBACACACEAE	*Humberodendro patinoi*	carra	1
15	BOMBACACACEAE	*Bombax sp*	lã branca	2
16	BURCERACEAE	*Protium veneralense*	Anime	15
17	CAESALPINACEAE	*Himenaea oblongifolia*	Alfarroba	12
18	CRISOBALANÁCEAS	*Licania durifolia*	queimador de carvão vegetal	1
19	EUPHORBIACEA	*Hieronyma chocoensis*	pântano	5
20	EUPHORBIACEAE	*Croton lillipianus*	erva-leiteira	2
21	FABACEAE	*Dipteris panamensis*	Choiba	6
22	LAURACEAE	*Ocotea cernua*	jigua preta	3
23	LECYTHIDACEAE	*Eshweilera sclerophylla*	Guasca hoji largo	9
24	LECYTHIDACEAE	*Eshweilera oligosperma*	Guasco colorado	4

25	MELASTOMATACEAE	*Miconia sp*	Formiga	17
26	MIMOSACEAE	*Parkia oppositifolia*	Serragem	10
27	MIMOSACEAE	*Inga edulis*	Churimo	7
28	MORACEA	*Clarisia biflora*	faca	6
29	MORACEA	*Brosimun utile*	leiteiro	12
30	OCHNACEAE	*Cespedesia macrophyla*	capacete	1
31	RUBIACEAE	*Genipa americana*	Jagua	1
32	SAPINDACEAE	*Isertia pittieri*	Sabão	5
33	SAPOTACEAE	*Chrysophyllum auratum*	Caimito branco	11
34	SAPOTACEAE	*Chrysophyllum sp*	caimito colorado	2
35	TILIACEAE	*Luehea seemannii*	guasimo vermelho	2
	Total			**218**

Tabela: 3 Cálculo de Abundância. Abundância absoluta e relativa da amostragem na floresta tropical

NÃO.	Espécies	Número de árvores por unidade de amostragem											Aa	Ar(%)
		1	2	3	4	5	6	7	8	9	10	Total		
1	Alfarroba	2	3	1	2	1					3	12	12	5,505
2	erva-leiteira								1	1		2	2	0,917
3	Anime	5				4	2	1	1	1	1	15	15	6,881
4	Serragem	2			1	1		1	1	1	3	10	10	4,587
5	Caimito branco	2	2	1	3		2	1				11	11	5,046
6	caimito colorado	2										2	2	0,917
7	queimador de carvão vegetal								1			1	1	0,459
8	cargadero colorado				1					1		2	2	0,917
9	carra								1			1	1	0,459
10	marisco										1	1	1	0,459
11	faca			2			1	1		1	1	6	6	2,752
12	Choiba	5		1								6	6	2,752
13	Churimo				1	3		1		2		7	7	3,211
14	coroba	1										1	1	0,459
15	Guasca hoji largo				3	3			3			9	9	4,128
16	Guasco colorado	1			2		1					4	4	1,835
17	guasimo vermelho									2		2	2	0,917
18	Formiga	3	3	4	3		1	2		1		17	17	7,798
19	Sabão				1	1			1		2	5	5	2,294
20	Jagua		1									1	1	0,459
21	jigua preta			1					2			3	3	1,376
22	lã branca								2			2	2	0,917
23	leiteiro		4	2		2	2	2				12	12	5,505
24	lírio	2	2	3	1	1		2	3	2	1	17	17	7,798

25	palmeira amarga						1	3			1	5	5	2,294
26	palmeira-de-barriga					2				1		3	3	1,376
27	palmeira chacarra		1									1	1	0,459
28	palma don pedrito						1				1	2	2	0,917
29	meme da palma da mão	3	3	3	4	5	2	2	1	4	6	33	33	15,138
30	palma mil peso			1					1			2	2	0,917
31	palmeira pangana	1	1		1		2	2				7	7	3,211
32	palmeira taparo		1	1		1	1					4	4	1,835
33	palmeira zancona			1		2	1		1	1		6	6	2,752
34	palo blanco						1					1	1	0,459
35	pântano	1						1	2	1		5	5	2,294
	Total	**30**	**21**	**21**	**23**	**26**	**18**	**19**	**21**	**19**	**20**	**218**	**218**	**100**

Tabela: 4 Cálculo da frequência. Frequência absoluta e relativa de amostragem na floresta tropical.

NÃO.	Espécies	N.º de unidades de amostragem onde a espécie ocorre													Classes de frequência						
		1	2	3	4	5	6	7	8	9	10	Total	Fa	Fr(%)	I	II	III	IV	V	VI	Total
1	Alfarroba	x	x	x	x	x					x	6	60	4,959	7	3	2				12
2	erva-leiteira								x	x		2	20	1,653	1		1				2
3	Anime	x				x	x	x	x	x	x	7	70	5,785	9	3	3				15
4	Serragem	x			x	x		x	x	x	x	7	70	5,785	1	4	1	2	2		10
5	Caimito branco	x	x	x	x		x	x				6	60	4,959	10	1					11
6	caimito colorado	x										1	10	0,826	2						2
7	queimador de carvão vegetal								x			1	10	0,826	1						1
8	cargadero colorado				x					x		2	20	1,653	2						2
9	carra								x			1	10	0,826		1					1
10	marisco										x	1	10	0,826	1						1
11	faca			x			x	x		x	x	5	50	4,132	5	1					6
12	Choiba	x		x								2	20	1,653	3	2				1	6
13	Churimo				x	x		x		x		4	40	3,306	5		1	1			7
14	coroba	x										1	10	0,826	1						1
15	Guasca hoji largo				x	x			x			3	30	2,479	8	1					9
16	Guasco colorado	x			x		x					3	30	2,479	3	1					4
17	guasimo vermelho									x		1	10	0,826	1	1					2
18	Formiga	x	x	x	x		x	x		x		7	70	5,785	16	1					17
19	Sabão				x	x			x		x	4	40	3,306	2	2		1			5

20	Jagua		x									1	10	0,826	1						1
21	jigua preta			x					x			2	20	1,653	3						3
22	lã branca								x			1	10	0,826	2						2
23	leiteiro		x	x		x	x	x				5	50	4,132	7	4	1				12
24	lírio	x	x	x	x	x		x	x	x	x	9	90	7,438	9	5	2	1			17
25	palmeira amarga						x	x			x	3	30	2,479	4	1					5
26	palmeira-de-barriga					x				x		2	20	1,653	2	1					3
27	palmeira chacarra		x									1	10	0,826	1						1
28	palma don pedrito						x				x	2	20	1,653	1	1					2
29	meme da palma da mão	x	x	x	x	x	x	x	x	x	x	10	100	8,264	28	5					33
30	palma mil peso			x					x			2	20	1,653		1	1				2
31	palmeira pangana	x	x		x		x	x				5	50	4,132	6	1					7
32	palmeira taparo		x	x		x	x					4	40	3,306	4						4
33	palmeira zancona			x		x	x		x	x		5	50	4,132	4	2					6
34	palo blanco						x					1	10	0,826	1						1
35	pântano	x						x	x	x		4	40	3,306	4	1					5
	Total	**13**	**10**	**12**	**12**	**12**	**13**	**12**	**14**	**13**	**10**	**121**	**1210**	**100**	**155**	**43**	**12**	**5**	**2**	**1**	218

Tabela: 5 Cálculo da Dominância. Absoluta e relativa da amostragem efectuada.

na floresta tropical

NÃO.	Espécies	Área basal em m2 por unidade de amostragem												
		1	2	3	4	5	6	7	8	9	10	total	Da	Dr(%)
1	Alfarroba	0,0228	0,0134	0,045	0,0086	3E-04					0,054	0,144	0,144	6,089
2	erva-leiteira								0,0003	0,031		0,032	0,032	1,341
3	Anime	0,0426				0,128	0,015	0,006	0,0177	0,005	8E-05	0,215	0,215	9,064
4	Serragem	0,012			0,0227	0,071		0,139	0,0314	0,126	0,123	0,524	0,524	22,128
5	Caimito branco	0,0032	0,0058	7E-04	0,007		0,022	8E-05				0,039	0,039	1,660
6	caimito colorado	0,001										0,001	0,001	0,043
7	queimador de carvão vegetal								0,0013			0,001	0,001	0,053
8	cargadero colorado				8E-05					0,004		0,004	0,004	0,166
9	carra								0,0079			0,008	0,008	0,332
10	concha										8E-05	0,000	0,000	0,003
11	faca			0,013			8E-05	0,002		3E-04	1E-03	0,017	0,017	0,701
12	Choiba	0,2586		0,01								0,268	0,268	11,327
13	Churimo				0,005	0,003		0,091		0,035		0,134	0,134	5,648
14	coroba	0,0003										0,000	0,000	0,013
15	Guasca hoji largo				0,0078	0,015			0,007			0,029	0,029	1,241
16	Guasco colorado	0,0003			0,010		7E-04					0,011	0,011	0,458

17	guasimo vermelho									0,029		0,029	0,029	1,228
18	Formiga	0,0108	0,0108	0,007	0,0015		3E-04	0,001		3E-04		0,032	0,032	1,355
19	Sabão				0,0908	0,020			0,000		0,014	0,125	0,125	5,281
20	Jagua		0,0013									0,001	0,001	0,053
21	jigua preta			0					0,003			0,003	0,003	0,126
22	lã branca								0,0092			0,009	0,009	0,388
23	leiteiro		0,051	0,026		0,032	0,007	0,005				0,121	0,121	5,117
24	lírio	0,0283	0,0086	0,042	0,108	0,003		0,027	0,0324	0,025	1E-03	0,274	0,274	11,589
25	palmeira amarga						3E-04	0,003			0,018	0,021	0,021	0,903
26	palmeira-de-barriga					0,01				0,003		0,012	0,012	0,524
27	palmeira chacarra		0,002									0,002	0,002	0,083
28	palma don pedrito						0,006				0,008	0,014	0,014	0,601
29	meme da palma da mão	0,0092	0,012	0,009	0,0189	0,04	0,006	0,001	0,013	0,008	0,013	0,131	0,131	5,523
30	palma mil peso			0,066					0,0201			0,086	0,086	3,640
31	palmeira pangana	0,0007	0,018		0,000		0,005	4E-04				0,024	0,024	1,030
32	palmeira taparo		0,002	7E-04		0,001	0,000					0,003	0,003	0,146
33	palmeira zancona			7E-04		0,008	0,011		8E-05	0,003		0,023	0,023	0,967
34	palo blanco						0,006					0,006	0,006	0,269
35	pântano	0,0113						0,006	0,0031	7E-04		0,022	0,022	0,909

	Total	0,4009	0,1244	0,2205	0,2804	0,3301	0,0804	0,2823	0,1468	0,2696	0,2312	2,3668	2,3668	100

Tabela: 6 Índice de Valor de Importância (IVI)

Espécies		N.º de	Densidade	Abundância		Frequência		Domínio		I V I
N.º de encomenda	Nome	Árvores	(D)	Aa	Ar(%)	Fa	Fr(%)	Da	Dr(%)	
1	Alfarroba	12	1,2	12	5,505	60	4,959	0,144	6,0893	16,553
2	erva-leiteira	2	0,2	2	0,9174	20	1,65289	0,0317	1,3406	3,911
3	Anime	15	1,5	15	6,8807	70	5,78512	0,2145	9,0642	21,730
4	Serragem	10	1	10	4,5872	70	5,78512	0,5237	22,128	32,500
5	Caimito branco	11	1,1	11	5,0459	60	4,95868	0,0393	1,6602	11,665
6	caimito colorado	2	0,2	2	0,9174	10	0,82645	0,001	0,0431	1,787
7	queimador de carvão vegetal	1	0,1	1	0,4587	10	0,82645	0,0013	0,0531	1,338
8	cargadero colorado	2	0,2	2	0,9174	20	1,65289	0,0039	0,1659	2,736
9	carra	1	0,1	1	0,4587	10	0,82645	0,0079	0,3318	1,617
10	capacete	1	0,1	1	0,4587	10	0,82645	8E-05	0,0033	1,288
11	faca	6	0,6	6	2,7523	50	4,13223	0,0166	0,701	7,586
12	Choiba	6	0,6	6	2,7523	20	1,65289	0,2681	11,327	15,733
13	Churimo	7	0,7	7	3,211	40	3,30579	0,1337	5,6479	12,165
14	coroba	1	0,1	1	0,4587	10	0,82645	0,0003	0,0133	1,298
15	Guasca hoji	9	0,9	9	4,1284	30	2,47934	0,0294	1,2411	7,849

	largo									
16	Guasco colorado	4	0,4	4	1,8349	30	2,47934	0,0108	0,4579	4,772
17	guasimo vermelho	2	0,2	2	0,9174	10	0,82645	0,0291	1,2278	2,972
18	Formiga	17	1,7	17	7,7982	70	5,78512	0,0321	1,3547	14,938
19	Sabão	5	0,5	5	2,2936	40	3,30579	0,125	5,281	10,880
20	Jagua	1	0,1	1	0,4587	10	0,82645	0,0013	0,0531	1,338
21	jigua preta	3	0,3	3	1,3761	20	1,65289	0,003	0,1261	3,155
22	lã branca	2	0,2	2	0,9174	10	0,82645	0,0092	0,3883	2,132
23	leiteiro	12	1,2	12	5,5046	50	4,13223	0,1211	5,117	14,754
24	lírio	17	1,7	17	7,7982	90	7,43802	0,2743	11,589	26,825
25	palmeira amarga	5	0,5	5	2,2936	30	2,47934	0,0214	0,9026	5,676
26	palmeira-de-barriga	3	0,3	3	1,3761	20	1,65289	0,0124	0,5243	3,553
27	palmeira chacarra	1	0,1	1	0,4587	10	0,82645	0,002	0,083	1,368
28	palma don pedrito	2	0,2	2	0,9174	20	1,65289	0,0142	0,6006	3,171
29	meme da palma da mão	33	3,3	33	15,138	100	8,26446	0,1307	5,5227	28,925
30	palma mil peso	2	0,2	2	0,9174	20	1,65289	0,0862	3,6403	6,211
31	palmeira pangana	7	0,7	7	3,211	50	4,13223	0,0244	1,0304	8,374
32	palmeira taparo	4	0,4	4	1,8349	40	3,30579	0,0035	0,146	5,287
33	palmeira	6	0,6	6	2,7523	50	4,13223	0,0229	0,9671	7,852

	zancona									
34	palo blanco	1	0,1	1	0,4587	10	0,82645	0,0064	0,2688	1,554
35	pântano	5	0,5	5	2,2936	40	3,30579	0,0215	0,9092	6,509
	Total	**218**	**21,8**	**218**	**100**	**1210**	**100**	**2,367**	**100**	**300**

Tabela 7: Cálculo do grau de agregação para a amostragem da floresta tropical

NÃO.	Espécies	N.º de árvores de amostragem em que a espécie ocorre	Número de Árvores por Espécies	Frequência Absoluto	Densidade Esperado (De)	Densidade Observado (Ob)	Grau de Agregação G.A.
1	Alfarroba	6	12	60	0,398	0,6	1,508
2	erva-leiteira	2	2	20	0,097	0,2	2,064
3	Anime	7	15	70	0,523	0,7	1,339
4	Serragem	7	10	70	0,523	0,7	1,339
5	Caimito branco	6	11	60	0,398	0,6	1,508
6	caimito colorado	1	2	10	0,046	0,1	2,185
7	queimador de carvão vegetal	1	1	10	0,046	0,1	2,185
8	cargadero colorado	2	2	20	0,097	0,2	2,064
9	carra	1	1	10	0,046	0,1	2,185
10	capacete	1	1	10	0,046	0,1	2,185
11	faca	5	6	50	0,301	0,5	1,661
12	Choiba	2	6	20	0,097	0,2	2,064
13	Churimo	4	7	40	0,222	0,4	1,803
14	coroba	1	1	10	0,046	0,1	2,185
15	Guasca hoji largo	3	9	30	0,155	0,3	1,937
16	Guasco colorado	3	4	30	0,155	0,3	1,937
17	guasimo vermelho	1	2	10	0,046	0,1	2,185
18	Formiga	7	17	70	0,523	0,7	1,339
19	Sabão	4	5	40	0,222	0,4	1,803

20	Jagua	1	1	10	0,046	0,1	2,185
21	jigua preta	2	3	20	0,097	0,2	2,064
22	lã branca	1	2	10	0,046	0,1	2,185
23	leiteiro	5	12	50	0,301	0,5	1,661
24	lírio	9	17	90	1,000	0,9	0,900
25	palmeira amarga	3	5	30	0,155	0,3	1,937
26	palmeira-de-barriga	2	3	20	0,097	0,2	2,064
27	palmeira chacarra	1	1	10	0,046	0,1	2,185
28	palma don pedrito	2	2	20	0,097	0,2	2,064
29	meme da palma da mão	10	33	100	3,000	1	0,333
30	palma mil peso	2	2	20	0,097	0,2	2,064
31	palmeira pangana	5	7	50	0,301	0,5	1,661
32	palmeira taparo	4	4	40	0,222	0,4	1,803
33	palmeira zancona	5	6	50	0,301	0,5	1,661
34	palo blanco	1	1	10	0,046	0,1	2,185
35	pântano	4	5	40	0,222	0,4	1,803
	Total	**121**	**218**	**1210**	**10,057**	**12,100**	**64,232**

Quadro 9: Volume de madeira por espécie

	Espécies	N° individual	Volume m3
1	Alfarroba	12	1,321012012
2	erva-leiteira	2	0,24553489
3	Anime	15	1,795501448
4	Serragem	10	7,038819988
5	Caimito branco	11	0,155906568
6	caimito colorado	2	0,002695493
7	queimador de carvão vegetal	1	0,002391637
8	cargadero colorado	2	0,012080709
9	carra	1	0,02450448
10	capacete	1	3,67567E-05
11	faca	6	0,132881669
12	Choiba	6	3,491355428
13	Churimo	7	1,423955333
14	coroba	1	0,000294054
15	Guasca hoji largo	9	0,108677369
16	Guasco colorado	4	0,019995656
17	guasimo vermelho	2	0,368302334
18	Formiga	17	0,110512142
19	Sabão	5	1,485260641
20	Jagua	1	0,003920717
21	jigua preta	3	0,002793511
22	lã branca	2	0,023156734
23	leiteiro	12	0,83364241
24	lírio	17	2,537392958
25	palmeira amarga	5	0,22491437

26	palmeira-de-barriga	3	0,117082405
27	palmeira chacarra	1	0,002756754
28	palma don pedrito	2	0,170428658
29	meme da palma da mão	33	1,009553945
30	palma mil peso	2	0,775076702
31	palmeira pangana	7	0,118050332
32	palmeira taparo	4	0,005035671
33	palmeira zancona	6	0,278253271
34	palo blanco	1	0,069470201
35	pântano	5	0,170404154
	Total	**218**	**24,0816514**

Quadro 10: Volume por família

NÃO.	Família	#	Volume
1	ANONACEAE	2	0,01237476
2	APOCYNACEAE	1	2,53739296
3	ARALIACEAE	1	0,0694702
4	ARECACEAE	9	*2,70115211*
5	BOMBACACACEAE	2	0,04766121
6	BURCERACEAE	1	1,79550145
7	CAESALPINACEAE	1	1,32101201
8	CRISOBALANÁCEAS	1	0,00239164
9	EUPHORBIACEAE	2	0,41593904
10	FABACEAE	1	3,49135543
11	LAURACEAE	1	0,00279351
12	LECYTHIDACEAE	2	0,12867302
13	MELASTOMATACEAE	1	0,11051214
14	MIMOSACEAE	2	8,46277532
15	MORACEA	2	0,96652408
16	OCHNACEAE	1	3,6757E-05
17	RUBIACEAE	1	0,00392072
18	SAPINDACEAE	1	1,48526064
19	SAPOTACEAE	2	0,15860206
20	TILIACEAE	1	0,36830233

	TOTAL	35	24,0816514

Quadro 11. estratificação da floresta analisada

Camada de árvores	Símbolo	Limite de altura (m)	
Estrato superior (dominante)	É	> 20	15
Estrato médio (Codominante)	Em	15-20	39
Estrato inferior (dominado)	Ei	< 15	164
TOTAL			**218**

Quadro 12. Índice de valor de importância por família

NÃO. Encomendar	FAMÍLIA	N.º de espécies por família	Área basal por família	IVIF
1	ANONACEAE	2	0,00424116	7,2696266
2	APOCYNACEAE	1	0,27428132	22,244025
3	ARALIACEAE	1	0,00636174	3,5846497
4	ARECACEAE	9	0,31755214	67,571614
5	BOMBACACACEAE	2	0,01704318	1,4404906
6	BURCERACEAE	1	0,21453201	18,802113
7	CAESALPINACEAE	1	0,1441209	14,451012
8	CRISOBALANÁCEAS	1	0,00125664	3,368953
9	EUPHORBIACEAE	2	0,05325012	11,175177
10	FABACEAE	1	0,26809629	16,936828
11	LAURACEAE	1	0,00298452	1,4059792
12	LECYTHIDACEAE	2	0,04021248	13,376614
13	MELASTOMATACEAE	1	0,03206396	12,010049
14	MIMOSACEAE	2	0,65739944	41,288371
15	MORACEA	2	0,13770026	19,789169
16	OCHNACEAE	1	0,00007854	3,3191769
17	RUBIACEAE	1	0,00125664	10,708403
18	SAPINDACEAE	1	0,1249917	2,3749599
19	SAPOTACEAE	2	0,0403138	13,380895
20	TILIACEAE	1	0,0290598	5,0023857
	total	**35**	**2,36679662**	**289,50049**

Tabela 13: Distribuições diamétricas da floresta analisada

CATEGORIAS DIAMÉTRICO	NÃO. ÁRVORES	VOLUME m3
I (1-9,9)	155	1,35786295
II (10-19,9)	44	4,45772023
III (20-29,9)	11	4,80575736
IV (30-39,9)	5	5,70464294
V (40 - 49,9)	2	4,2975957
VI (50 - 59,9)	1	3,45807222
TOTAL	**218**	**24,0816514**

Quadro 14. Categorias de diâmetro por espécie

CATEGORIAS DIAMÉTRICO	NÃO. ESPÉCIES	NÃO. ÁRVORES	IVI
I (1-9,9)			
	Alfarroba	7	22,5789011
	erva-leiteira	1	2,54039561
	Anime	9	26,5699378
	Serragem	1	2,63008242
	Caimito branco	10	27,8328344
	caimito colorado	2	3,85152381
	queimador de carvão vegetal	1	3,01872528
	cargadero colorado	2	6,75494507
	capacete	1	2,42081319
	faca	5	14,5854011
	Choiba	3	4,78397436
	Churimo	5	14,8672967
	coroba	1	2,54039561
	Guasca hoji largo	8	22,8266228
	Guasco colorado	3	8,65756777
	guasimo vermelho	1	5,60967767
	Formiga	16	37,5251887
	Sabão	2	5,17805158
	Jagua	1	3,01872528
	jigua preta	3	7,22899634
	lã branca	2	7,99704764

	leiteiro	7	24,2131942
	lírio	9	23,882881
	palo blanco	1	5,60967767
	pântano	4	13,2771429
	total	**105**	**300**
II (10-19,9)			
	Alfarroba	3	29,8278782
	Anime	3	29,5442908
	Serragem	4	37,7151522
	Caimito branco	1	11,4669082
	carra	1	8,70193128
	faca	1	9,48179658
	Choiba	2	18,5559363
	Guasca hoji largo	1	8,70193128
	Guasco colorado	1	8,70193128
	guasimo vermelho	1	12,0518072
	Formiga	1	8,70193128
	Sabão	2	21,3918101
	leiteiro	4	35,9256633
	lírio	5	49,7492352
	pântano	1	9,48179658
	Total	**31**	**300**
III (20-29,9)			
	Alfarroba	2	57,7914011
	erva-leiteira	1	26,1894007
	Anime	3	82,7829314
	Serragem	1	26,1894007
	Churimo	1	26,1894007
	leiteiro	1	26,1894007

	lírio	2	54,6680649
	Total	**11**	**300**
IV (30-39,9)			
	Serragem	2	116,600069
	Churimo	1	59,9104375
	Sabão	1	59,9104375
	lírio	1	63,5790561
	Total	**5**	**300**
V (40 - 49,9)			
	Serragem	2	300
	Total	2	**300**
VI (50 - 59,9)			
	Choíba	1	300
	Total	1	**300**

FIGURAS

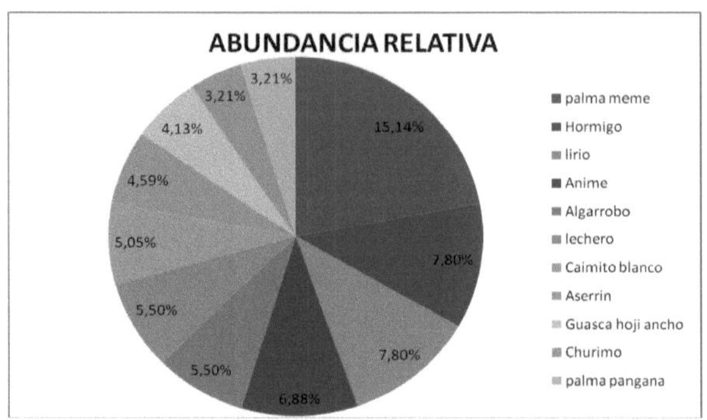
ABUNDANCIA RELATIVA
3,21%
3,21%
4,13%
15,14%
4,59%
5,05%
7,80%
5,50%
7,80%
5,50%
6,88%
palma meme
Hormigo
lirio
Anime
Algarrobo
lechero
Caimito blanco
Aserrin
Guasca hoji ancho
Churimo
palma pangana

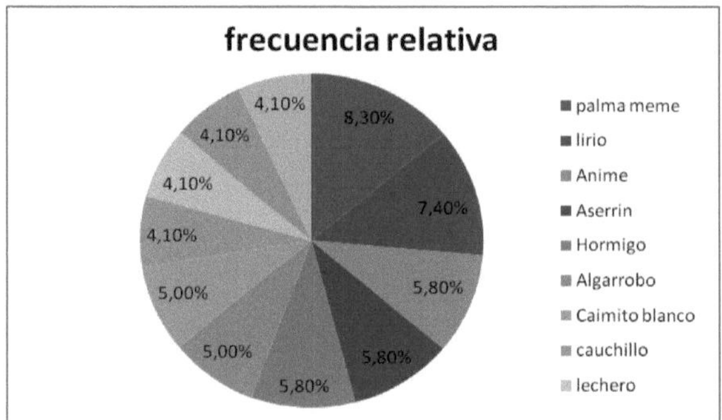
frecuencia relativa
4,10%
8,30%
4,10%
4,10%
7,40%
4,10%
5,00%
5,80%
5,00%
5,80%
5,80%
palma meme
lirio
Anime
Aserrin
Hormigo
Algarrobo
Caimito blanco
cauchillo
lechero

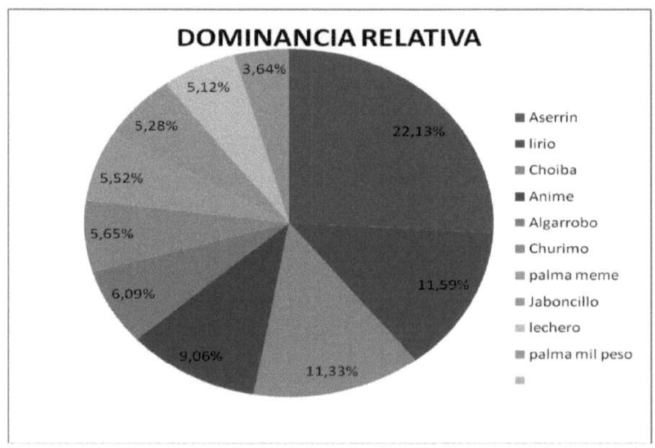
DOMINANCIA RELATIVA
3,64%
5,12%
5,28%
22,13%
5,52%
5,65%
11,59%
6,09%
9,06%
11,33%
Aserrin
lirio
Choiba
Anime
Algarrobo
Churimo
palma meme
Jaboncillo
lechero
palma mil peso

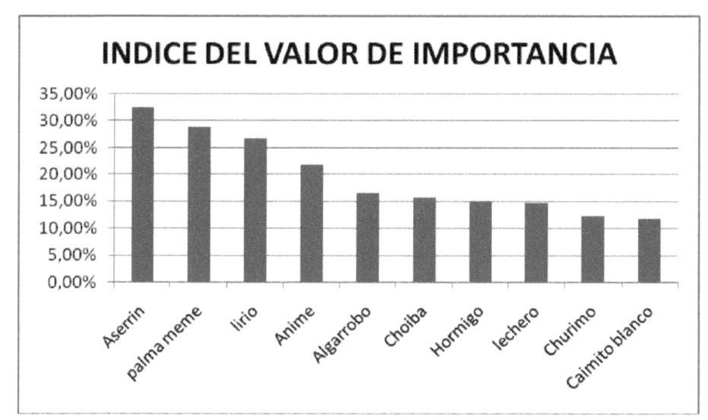
INDICE DEL VALOR DE IMPORTANCIA
35,00%
30,00%
25,00%
20,00%
15,00%
10,00%
5,00%
0,00%
Aserrin
palma meme
lirio
Anime
Algarrobo
Choiba
Hormigo
lechero
Churimo
Caimito blanco

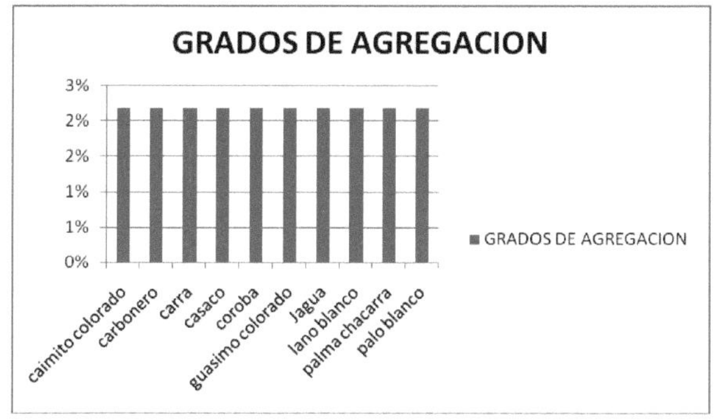
GRADOS DE AGREGACION
3%
2%
2%
1%
1%
0%
caimito colorado
carbonero
carra
casaco
coroba
guasimo colorado
Jagua
lano blanco
palma chacarra
palo blanco
GRADOS DE AGREGACION

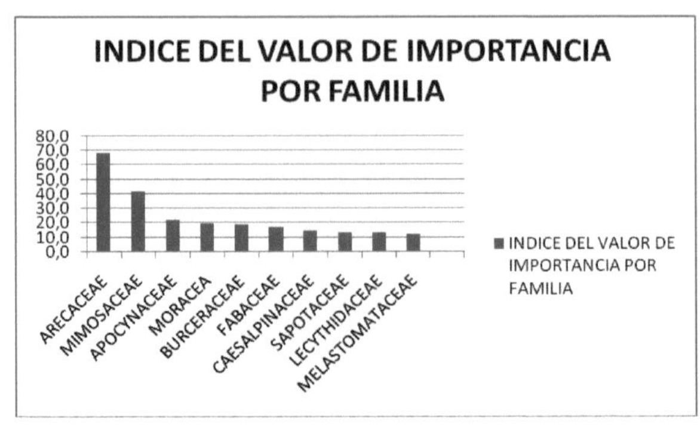

ÍNDICE OGAWA

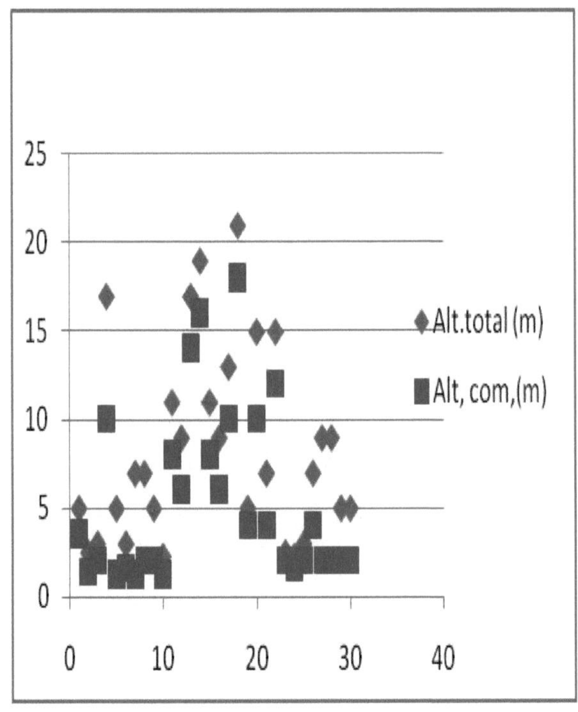

	Altura total (m)	Altura comercial (m)
palmeira pangana	5	3,5
Anime	2,5	1,4
Choiba	3	2
Alfarroba	17	10
Coroba	5	1,2
meme da palma da mão	3	1,6
jacaré branco	7	1,2
Formiga	7	2
Serragem	5	2
guasca colorado	2,3	1,2
jacaré branco	11	8
meme da palma da mão	9	6
meme da palma da mão	17	14
Anime	19	16
Anime	11	8
Anime	9	6
Anime	13	10
Choiba	21	18
caimito colorado	5	4
Lírio	15	10
Formiga	7	4
Pântano	15	12
caimito colorado	2,5	2
Alfarroba	2,3	1,6
Choiba	3	2
Choiba	7	4
Choiba	9	2
Serragem	9	2
Formiga	5	2

Lírio	5	2

Printed by Books on Demand GmbH, Norderstedt / Germany